Hawaiian
BREAKFAST
RECIPE BOOK
早餐美一天

日本凯拉咖啡厅◆著 赵百灵◆译

U0212995

南海出版公司
2019·海口

序言  PROLOGUE

夏威夷有一句谚语：

"人生难免遭遇低谷和高潮，但饱餐一顿后心情就会焕然一新。"

夏威夷人深谙祖先的智慧，非常喜欢用美味佳肴款待客人。

一顿令人胃口大开的美食，就是夏威夷人之间深厚情谊的见证。

凯拉咖啡厅的菜谱就是源于创始人——凯拉小姐为家人和好友们制作的早餐。

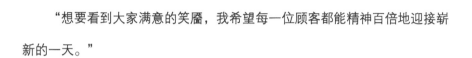

　　"想要看到大家满意的笑靥，我希望每一位顾客都能精神百倍地迎接崭新的一天。"

　　凯拉咖啡厅将对顾客的真诚祝福深深地融入每一份美食，

　　选用自然、新鲜、营养的美味食材，

　　为顾客提供真正意义上的健康早餐。

　　希望大家制作美食时，不要忘记添加一味关键的调味料——"爱意"。

　　让美好的一天从厨房开始吧！

Me ke aloha pumehana.

发自内心地爱你们

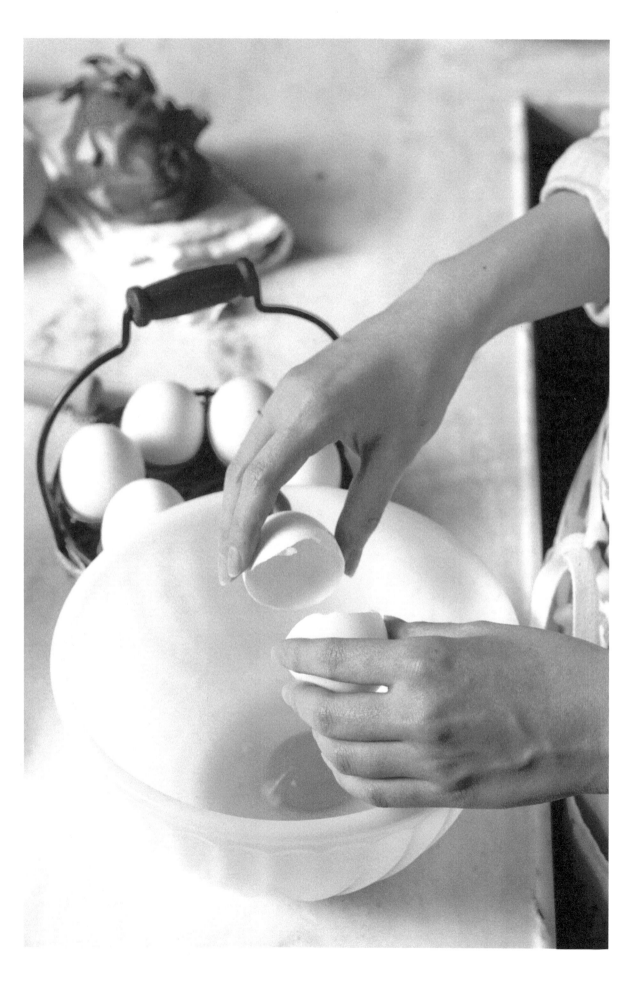

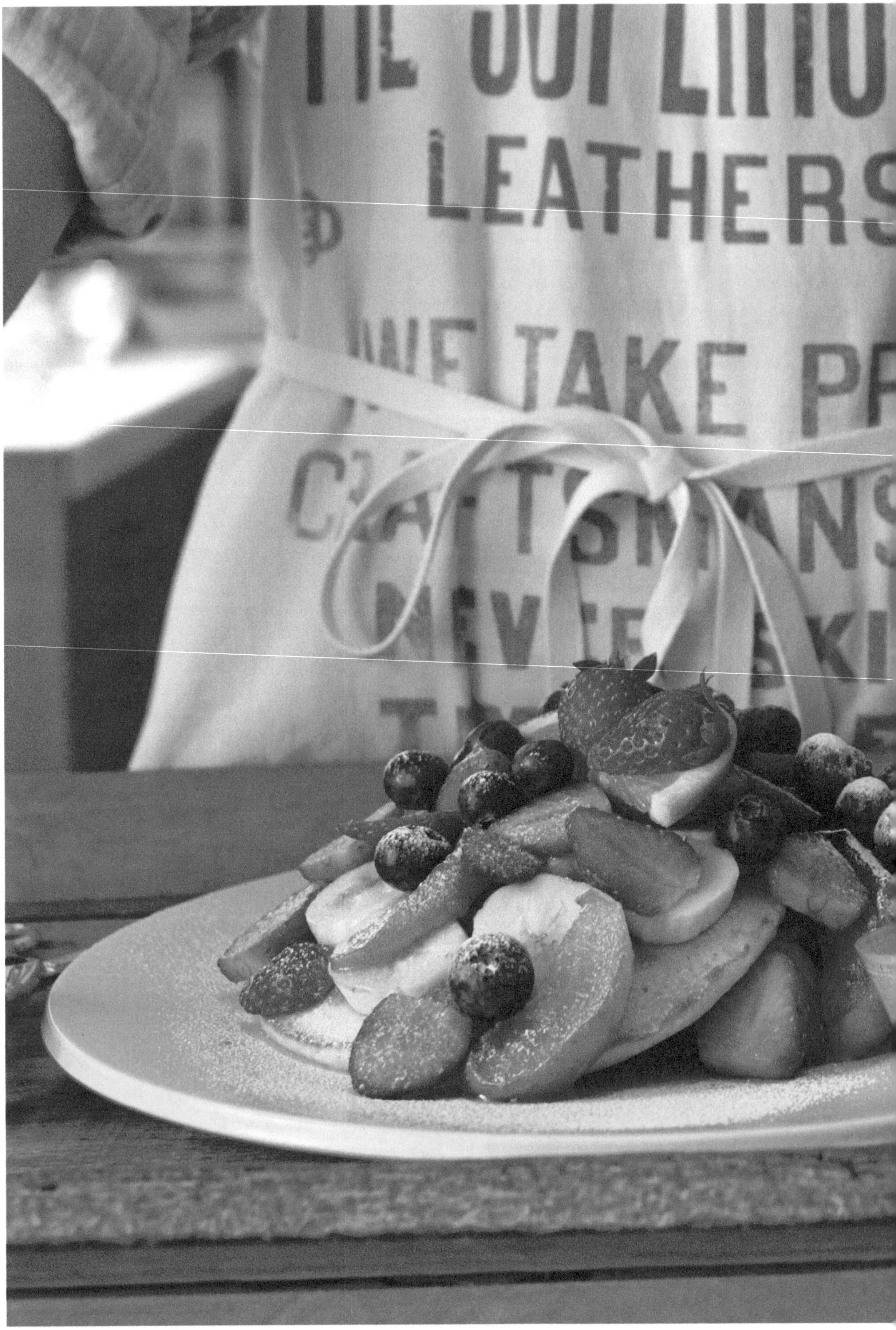
LEATHERS
TAKE

目 录
CONTENTS/RECIPE 50

chapter 1

松饼

PANCAKES

清晨，一份新鲜出炉的松饼，
让每一口都是满满的幸福！

BASIS OF PANCAKES
松饼制作要点

- 为了使称量好的粉类（面粉、砂糖、发酵粉、小苏打等）与蛋液均匀混合，在拌入蛋液之前，请先将粉类过筛。

- 混合鸡蛋、牛奶、砂糖、无盐黄油等食材时，请用打蛋器搅拌均匀；混合粉类时，使用硅胶刮刀大致翻拌均匀即可。

- 将混合好的面糊盖上保鲜膜放入冰箱内冷藏 1 小时左右，各类食材可以更均匀地融合在一起，口感更加绵润松软。

- 待平底锅加热后再开始煎烤。

- 火候以中小火为最佳，煎烤过程中不要移动平底锅。

- 等到面糊表面冒出很多小泡时，就可以翻面了。

Point

最重要的是"不要烤焦"。

为了防止烤焦，请以中小火慢慢煎烤。

凯拉原创松饼

KAILA ORIGINAL PANCAKES

铺满了各式各样好吃的新鲜水果，让人胃口大开。

松饼面糊

鸡蛋⋯⋯⋯⋯⋯⋯⋯⋯⋯⋯ 1 个
小麦粉⋯⋯⋯⋯⋯⋯⋯⋯ 175g
牛奶⋯⋯⋯⋯⋯⋯⋯⋯⋯ 170mL
砂糖⋯⋯⋯⋯⋯⋯⋯⋯⋯⋯ 50g
无盐黄油⋯⋯⋯⋯⋯⋯⋯⋯ 30g
发酵粉⋯⋯⋯⋯⋯⋯⋯⋯⋯⋯ 5g
盐⋯⋯⋯⋯⋯⋯⋯⋯⋯⋯⋯⋯ 1g
小苏打⋯⋯⋯⋯⋯⋯⋯⋯⋯⋯ 1g
无盐黄油（煎烤时使用）⋯⋯ 少许

装饰

焦糖苹果（⇒ 做法见页面下方）
⋯⋯⋯⋯⋯⋯⋯⋯⋯⋯⋯⋯ 8 瓣
蓝莓⋯⋯⋯⋯⋯⋯⋯⋯⋯ 20 颗
草莓⋯⋯⋯⋯⋯⋯⋯⋯⋯⋯ 8 个
香蕉⋯⋯⋯⋯⋯⋯⋯⋯⋯⋯ 1 根
糖粉⋯⋯⋯⋯⋯⋯⋯⋯⋯⋯ 适宜
枫糖浆⋯⋯⋯⋯⋯⋯⋯⋯⋯ 适宜
掼奶油⋯⋯⋯⋯⋯⋯⋯⋯⋯ 适宜

1. 将牛奶、砂糖、无盐黄油溶液（微波炉加热或隔水加热）依次放入蛋液内，用打蛋器搅拌均匀。
2. 小麦粉、发酵粉、盐、小苏打混合在一起，筛入步骤 1 的材料内，用硅胶刮刀大致搅拌一下。
3. 在搅拌好的面糊上蒙上一层保鲜膜，放入冰箱内冷藏 1 小时左右。
4. 等待面糊的时间可以用来制作焦糖苹果。
5. 黄油放入平底锅中，开小火加热使其熔化，倒入 1/3 步骤 3 中的面糊。
6. 用中小火煎烤。
7. 待面糊表面冒出很多小泡时，就可以翻面煎烤另一面了。
8. 用竹扦插一下，如果没有面糊粘在上面就是烤好了。重复步骤 5 ~ 8，将 3 块松饼都烤好。
9. 将烤好的松饼盛入盘内，依次放上香蕉片、焦糖苹果、草莓片、蓝莓作装饰，再撒一些糖粉。
10. 掼奶油和枫糖浆可根据个人喜好酌量添加。

Point

★ 您可以将任何爱吃的水果满满地堆在松饼上。

★ 在松饼上不留空隙地堆满各种水果，看起来会更加华丽。

★ 凯拉咖啡厅的切片水果厚度一般为 5mm 左右，香蕉片和草莓片可参考此厚度。

焦糖苹果

苹果⋯⋯⋯⋯⋯ 1/2 个
砂糖⋯⋯⋯⋯⋯100g
无盐黄油⋯⋯⋯⋯ 10g
盐⋯⋯⋯⋯⋯⋯ 少许
肉桂粉⋯⋯⋯⋯⋯⋯ 1g
香草精⋯⋯⋯⋯⋯⋯ 9g

1. 平底锅中倒入无盐黄油和水（少许），开小火加热直至黄油溶化。
2. 黄油溶化后，依次放入砂糖、盐、肉桂粉、香草精并搅拌均匀。
3. 苹果均匀地切成 8 瓣，放入步骤 2 的锅中，开中火熬煮，为防止焦煳，须隔一会儿搅拌一下。
4. 待苹果表面变软后就关火。用锅的余温即可煮熟，因此可以稍微早一些关火。

Point 苹果带皮制作，所以使用前须洗净。 香蕉也可按此方法做成好吃的焦糖香蕉。

莓子松饼

BERRY BERRY PANCAKES

◀◀ 酸甜可口的草莓与蓝莓搭配入口即化的冰激凌，让美味升级！ ▶▶

松饼面糊

同"凯拉原创松饼"（ ⇒ p19 ）

装饰

草莓	8 个
蓝莓	20 颗
香草冰激凌	80g
糖粉	适宜
掼奶油	适宜
枫糖浆	适宜
巧克力酱	适宜

1. 煎烤 3 块松饼，做法同"凯拉原创松饼"。
2. 将烤好的松饼盛入盘内，把草莓片和蓝莓装饰在上面。
3. 将香草冰激凌摆在水果上，再撒一些糖粉。
4. 掼奶油、枫糖浆或者巧克力酱可根据个人喜好酌量添加。

Point

★ 将冰激凌勺稍微加热一下再挖冰激凌，更容易挖出形状完整的冰激凌球。

★ 也可以使用其他口味的冰激凌。

杧果香蕉松饼

MANGO BANANA PANCAKES

水果 × 巧克力，再挤上柠檬汁，更适合成年人的口味。

松饼面糊

同"凯拉原创松饼"（⇒ p19）

装饰

香蕉…………… 1 根	巧克力酱………适宜
香草冰激凌……… 80g	糖粉…………适宜
杧果酱	柠檬…………1/8 个
冷冻杧果…… 200g	掼奶油…………适宜
砂糖………… 18g	
水………… 10mL	

1. 煎烤 3 块松饼，做法同"凯拉原创松饼"。

2. 制作杧果酱。将冷冻杧果（150g）用料理机打碎放入小锅内，倒入砂糖、水，开中火熬煮。待表面起泡后关火，连同小锅一起浸入冰水内冷却。将剩下的冷冻杧果（50g）切成 1cm 见方的小块，放入杧果酱中。

3. 将烤好的松饼盛入盘内，把香蕉片装饰在上面，摆上香草冰激凌，再淋上杧果酱盖住冰激凌。接着将巧克力酱淋成格纹状，在上面撒一些糖粉。

4. 最后将柠檬切成梳形块，按照个人喜好适量搭配柠檬和掼奶油。

Point ★ 挤上柠檬后的口感会和之前大不相同。

舒芙蕾松饼

SOUFFLE PANCAKES

用松饼面糊也能做出松软可口的舒芙蕾。

舒芙蕾面糊[直径20cm × 高2cm 圆形模具, 1 个份]

凯拉原创松饼（⇒ p19）面糊
……………………………1/3 分量
蛋清……………90g（2 ～ 3 个）
砂糖…………………………… 13g
香蕉………………………1/2 根
奶油奶酪…………………… 50g

装饰

菠萝黄油（⇒ 做法见页面下方）
………………………………… 50g
薄荷叶………………………… 适宜

1. 烤箱 160℃预热。

2. 将凯拉原创松饼面糊放入碗内，再用勺子将奶油奶酪挖成小块与香蕉片同时放入碗内。

3. 另取一个碗，放入彻底冷却的蛋清和砂糖做成蛋白糖霜。用打蛋器充分打发至能拉起一个硬挺的尖角。

4. 将一勺蛋白糖霜放入步骤 **2** 的面糊内，用硅胶刮刀大致搅拌均匀即可。

5. 放入剩下的蛋白糖霜，用硅胶刮刀以翻拌的手法大致搅拌一下。搅拌至残留少量蛋白糖霜的程度即可。

6. 将面糊倒入直径 20cm × 高 2cm 的圆形耐热容器内，放入烤箱以 160℃烘烤 20 分钟（不同的烤箱烘烤时间可能稍有差别）。

7. 将菠萝黄油放到烤好的舒芙蕾松饼上，装饰上薄荷叶即可享用。

Point
★ 请确保整个松饼从外到里完全烤透，用竹扦插一下，如果没有面糊粘在上面就是烤好了。
★ 舒芙蕾松饼从烤箱内取出后会逐渐软塌，所以烤好后请尽快装饰并尽早食用。
★ 将舒芙蕾松饼放入冰箱冷藏后再食用口感也不错。

菠萝黄油

冷冻菠萝………… 25g
无盐黄油………… 25g

1. 将冷冻菠萝和无盐黄油放入料理机，搅拌均匀。

2. 搅拌至左页图中的结块状态即可。

Point　也可以用其他水果代替菠萝制作多种口味的舒芙蕾松饼。

烤布丁松饼

BAKED PUDDING PANCAKES

布丁面糊 [直径 20cm × 高 2cm 的圆形模具，1 个份]

鸡蛋	3 个
砂糖	30g
盐	2g
面粉	60g
牛奶	120mL
香草精	3g
无盐黄油（烘烤时使用）	10g

装饰

苹果	1/2 个
无盐黄油（炒苹果时使用）	20g
砂糖	12g
香草冰激凌	80g
薄荷叶	适宜
柠檬	1/8 个

1. 烤箱 220℃预热。

2. 炒苹果。将苹果切成 8 等份，锅内放入黄油，放入苹果煸炒至绵软状态。用锅的余温即可煎熟，因此可以稍微早一些关火。

3. 将布丁面糊中除面粉外的其他食材，按照从上至下的顺序依次放入碗内，用打蛋器搅拌均匀，再筛入面粉，用硅胶刮刀搅拌。

4. 将无盐黄油放入直径 20cm × 高 2cm 的圆形耐热容器内，再倒入步骤 3 的面糊。

5. 将炒苹果随意地摆在面糊上，放入烤箱内以 220℃烘烤 10 分钟（不同的烤箱烘烤时间可能稍有差别）。

6. 在烤好的松饼上撒上砂糖，将香草冰激凌、薄荷叶、柠檬摆在上面即可享用。

Point

★ 请随时确认烘烤状态，当边缘呈焦黄色时就是烤好了。

★ 也可以在冰激凌上撒一些肉桂粉，口感会和之前大不相同。

帕芙洛娃松饼

PAVLOVA

酥脆可口的蛋白饼与柔滑可口的炼乳奶油争奇斗艳。

蛋白糊 [直径 10cm，2 个份]

蛋清	1 个
砂糖	40g
盐	少许
香草精	1g
醋	1g
玉米淀粉	3g

装饰

炼乳奶油（⇒ 做法见页面下方）	88g
草莓	6 个
香蕉	1/2 根
菠萝	7 片
蓝莓	10 ~ 15 颗
薄荷叶	适宜

1. 烤箱 150℃预热。

2. 将蛋清充分冷却后放入盐，再分 3 次加入砂糖，一边加砂糖一边用打蛋器充分打发至能拉起一个硬挺的尖角。

3. 将香草精和醋一点点地放到步骤 2 的蛋清中并搅拌均匀。

4. 放入玉米淀粉搅拌均匀。

5. 将烘焙用纸铺在烤盘上，将 4 中的面糊分成两份，分别倒在烤盘上使其形成两个直径约为 10cm 的圆形。

6. 放入烤箱内以 150℃烘烤 90 分钟（不同的烤箱烘烤时间可能稍有差别），烤好后冷却备用。

7. 蛋白饼冷却后盛入盘中，挤上大量的炼乳奶油。

8. 把草莓片、香蕉片、菠萝块和蓝莓摆在上面，再撒一些糖粉，装饰上薄荷叶即可享用。

Point

★ 烘烤过程中蛋白饼会膨胀，所以倒蛋白糊时要让边缘留出足够的空隙，并用铲子将蛋白糊稍微聚拢一下。

★ 如果需要储存烤好的蛋白饼，请放入干燥剂密封保存。

炼乳奶油

植物性鲜奶油	70g
炼乳	18g

1. 将炼乳和植物性鲜奶油放入碗内，用打蛋器充分打发至能拉起一个硬挺的尖角。

Point

为了防止装饰用的水果陷在奶油里，请将炼乳奶油打发到硬性起泡状态。

柔软蓬松的掼奶油和温润甘甜的枫糖浆是松饼和华夫饼的最佳拍档，能为它们增香添色，让它们美味升级。凯拉咖啡厅几乎所有的松饼、华夫饼以及法式吐司都会附带掼奶油或枫糖浆，但有很多顾客还是会另外再单点。凯拉咖啡厅想让顾客们先品尝一下松饼本来的味道，所以提供的掼奶油和枫糖浆并非直接淋在蛋糕上，而是放在附带的小杯子里。

凯拉咖啡厅的餐点本身都不太甜。我们想让顾客用心品尝美味的松饼，先是纯粹的面粉香和蛋香，然后是酸酸甜甜的天然果香，接下来顾客可以按照个人的喜好适当地添加掼奶油或枫糖浆，甘甜的味道和满满的幸福感瞬间盈满口颊。在家制作凯拉咖啡厅早餐，也不要忘记这些佐餐佳品哦。

chapter 2

华夫饼
WAFFLES

打开模具的那一瞬间让人无比期待，
诱人的香气溢满了整个厨房。

BASIS OF WAFFLES
华夫饼制作要点

● 为了使称量好的粉类（面粉、砂糖、发酵粉、盐等）与蛋液均匀混合，在拌入蛋
液之前，请先将粉类过筛。

● 混合蛋液和粉类时，请使用打蛋器搅拌均匀。

● 烤华夫饼前，请先预热模具。

● 倒入面糊前在模具上喷一些油或者刷上一层色拉油。

Point

华夫饼成功的关键就是形状，

在烘烤前请不要忘记先将模具预热并刷油，

这样烤出来的形状会更美观。

苹果奶油奶酪华夫饼

APPLE & CREAM CHEESE WAFFLES

◀ 仅需面粉、鸡蛋、水果、奶酪即可完成。造型简单，口感美味。▶

华夫饼面糊

鸡蛋··························	1 个
牛奶··························	150mL
无盐黄油·····················	60g
面粉··························	120g
砂糖··························	25g
发酵粉·························	10g
盐····························	1g

装饰

焦糖苹果（⇒ p19）··········	8 瓣
香蕉·························	1 根
鲜奶油······················	适宜
奶油奶酪····················	40g
枫糖浆······················	适宜

1. 把牛奶、化好的无盐黄油（电磁炉加热或隔水熔化）依次放入蛋液中，用打蛋器搅拌均匀。

2. 面粉、砂糖、发酵粉、盐混合均匀，过筛后倒入步骤 1 的液体内搅拌均匀。

3. 将面糊倒在预热好的模具上烘烤约 4 分半钟（请根据不同的模具适当调整加热时间）。

4. 制作焦糖苹果。

5. 把切好的香蕉片、焦糖苹果放在烤好的华夫饼上。

6. 掼奶油、奶油奶酪以及枫糖浆可根据个人喜好酌量添加。

Point　★搅拌黄油时，为了避免结块，请尽量快速搅拌。

焦糖香蕉华夫饼

CARAMEL & BANANA WAFFLES

宛如艺术品一般精美，咬一口，温暖身体的同时甜在心头。

华夫饼面糊

同"苹果奶油奶酪华夫饼（⇒p33）"

装饰

香蕉……………………………	2根
香草冰激凌…………………	80g
焦糖酱……………………	适宜
掼奶油……………………	适宜
枫糖浆……………………	适宜

1. 烤制华夫饼，做法同"苹果奶油奶酪华夫饼"。
2. 在华夫饼上面摆上香蕉片和香草冰激凌，将焦糖酱淋成格纹状，再撒上一些糖粉。
3. 掼奶油和枫糖浆可根据个人喜好酌量添加。

Point ★添加焦糖酱时可从较高的位置呈细线状滴落，这样成品看起来更加美观。

科纳咖啡华夫饼

KONA COFFEE WAFFLES

微苦的华夫饼搭配巧克力和薄荷叶，不一样的丰富口感。

华夫饼面糊

同"苹果奶油奶酪华夫饼（⇒ p33）"
牛奶·······························160mL
科纳咖啡（现磨咖啡粉）····· 12g

装饰

香草冰激凌······················· 65g
巧克力酱························· 适宜
可可粉（无糖）················· 适宜
薄荷叶··························· 适宜

1. 取一口小锅，放入牛奶和科纳咖啡，开中火熬煮，待周围开始起泡后就关火，盖上盖子焖6分钟。用滤茶器或是厨房纸巾过滤一下，适当补加一些牛奶使整体分量在150mL。

2. 把步骤**1**的材料、化好的无盐黄油（电磁炉加热或隔水熔化）依次放入蛋液中，用打蛋器搅拌均匀。

3. 把面粉、砂糖、发酵粉、盐混合均匀，过筛后倒入步骤**2**的液体内搅拌均匀。

4. 在搅拌好的面糊上蒙上一层保鲜膜，放入冰箱内冷藏一晚。

5. 将面糊倒在预热好的模具上煎烤约4分半钟（请根据不同的模具适当调整加热时间）。

6. 将香草冰激凌摆在烤好的华夫饼上，再将巧克力酱淋成格纹状，撒上可可粉，装饰上薄荷叶即可享用。

Point

★ 用牛奶熬煮科纳咖啡时，请注意不要将牛奶煮沸。

★ 将面糊冷藏一晚，能使各类食材更好地融合在一起，口感更加柔软筋道。

华夫饼模具的秘密

　　松饼和华夫饼所用的材料大致相同，它们之间最大的区别就是形状了，特别是华夫饼，是由上下两片烤板夹着烤出来的，烤好的华夫饼最大的特征就是表面上蜂窝状的格子。

　　其实，华夫饼之所以呈现出这种形状是有着深远的历史渊源的。时间追溯到 1500 年前，据说一名基督教的牧师将面糊倒入两片金属之间，做成了一种类似面包的美食，最初的华夫饼就来源于此。因为加热迅速，所以金属的纹路才得以保留在上面，无形中又增大了受热面。顺便说一下，最初的纹路并不是格子状的，而是宗教的符号，20 世纪后才逐渐形成了现在的格子形状。华夫饼的名称来自德语的"wafel"，意为"充满蜂蜜的蜂巢"。可以说，古往今来，世界上有很多人都陶醉于华夫饼独特的魅力。

chapter 3

法式吐司
FRENCH TOAST

将面包切成厚片再包裹上香浓的蛋液，
煎烤后马上享用，柔软筋道，满室飘香。

BASIS OF FRENCH TOAST
法式吐司制作要点

请将蛋糊搅拌均匀。这样才能更好地渗入面包内。

面包越坚硬，在蛋糊中浸泡的时间越长。法棍等较为坚硬的面包，浸泡时间以一个小时为宜。

可以根据个人喜好更换任意面包，享受不一样的美味。

请以中火慢慢烘烤，直至呈现好看的焦黄色为止。请勿大火烘烤，以防造成外侧焦煳，内部不受热的状况。

在平底锅上煎烤后，可以放入烤箱内再烤 1～2 分钟，这样更加酥脆可口。

Point

烘烤过程中要内外受热均匀，

注意不要烤焦。

推荐以中火慢慢烘烤。

椰香法式吐司

PAVLOVA

法棍（3cm 宽） ·········· 3 厚片		装饰	
奶油奶酪·················· 15g		香蕉·····················1/2 根	
无盐黄油（煎烤时使用）····· 少许		草莓····················· 5 个	
		橙子·····················1/8 个	
蛋糕		蓝莓···················· 8 ～ 10 颗	
鸡蛋····················· 1 个		掼奶油·················· 适宜	
砂糖····················· 40g		焦糖酱·················· 7g	
牛奶·····················25mL		烤夏威夷果（⇒ 做法见页面下方）	
椰奶·····················50mL		····················· 15g	

1. 将蛋糊的材料全部放入碗内，用打蛋器搅拌均匀。

2. 在法棍的正中间切开一道深深的口子，中间涂上奶油奶酪（每片各涂 5g）。

3. 将步骤 2 的法棍浸入 1 内，蘸上满满的蛋液。

4. 平底锅小火预热，放入黄油，待黄油熔化后开始煎烤法棍，一侧染上焦黄色后就翻面。

5. 待两侧都呈现出想要的色泽后，将法棍放入预热过的烤箱（或烤面包机）内 200℃ 烘烤 1 ～ 2 分钟，让表面更加酥脆。

6. 将吐司片盛入盘内，摆上切片后的香蕉、草莓，剥皮切好的橙子片，再放上蓝莓，最后撒上糖粉。

7. 挤上一些掼奶油，淋上焦糖浆，再撒上碾碎后的烤夏威夷果。

Point
* 将法棍浸在蛋糊中一个晚上，口感会更好。
* 使用椰奶前请务必摇匀。
* 请将剩余的蛋糊放入冰箱内保存，再次使用前请不要忘记先搅拌均匀。

烤夏威夷果

夏威夷果·········· 15g

1. 将夏威夷果放入烤箱内，以 160℃ 烘烤大约 2 分钟，稍微变色即可。

Point
★ 夏威夷果吸热较快，稍微变色后就从烤箱内取出口感会更好。
★ 烤夏威夷果也可作为零食直接食用，口感非常棒。

苹果蓝莓法式吐司

APPLE & BLUEBERRY FRENCH TOAST

添加肉桂糖的口感非常特别，适合与热腾腾的红茶一同享用。

		蛋糊		装饰	
法式布里欧修吐司（切边长2cm的方形块）…………… 3块		鸡蛋…………… 2个		焦糖苹果（⇒ p19）	
		砂糖…………… 40g		…………… 8瓣	
无盐黄油（煎烤时使用）… 少许		牛奶…………… 25mL		肉桂糖、砂糖……… 20g	
		鲜奶油…………… 25mL		肉桂粉…………… 1g	
		肉桂粉…………… 1g		蓝莓………… 8～10颗	
		盐…………… 少许		巧克力冰激凌……… 80g	
				掼奶油…………… 适宜	
				枫糖浆…………… 适宜	

1. 将蛋糊的材料全部放入碗内，用打蛋器搅拌均匀。

2. 制作焦糖苹果。

3. 将法式布里欧修吐司浸入1后煎烤，做法同"椰香法式吐司（⇒ p41）"。

4. 将吐司片盛入盘内，撒上肉桂糖，再摆上焦糖苹果、蓝莓、巧克力冰激凌，最后撒上糖粉。

5. 掼奶油和枫糖浆可根据个人喜好酌量添加。

Point

★ 可根据个人喜好调整肉桂糖的甜度。

★ 也可以使用其他种类的冰激凌。

巧克力法式吐司

CHOCOLAT FRENCH TOAST

法棍（宽约2cm）

··················· 3 厚片

蛋糕

鸡蛋·················· 1 个
砂糖·················· 40g
牛奶·················· 30mL
鲜奶油················· 30mL
可可粉················· 4g

装饰

烤夏威夷果（⇒ p41）

······················· 6g
香草冰激凌··········· 65g
意式浓缩咖啡········ 30mL
掼奶油················· 适宜

1. 将蛋糊的材料全部放入碗内，用打蛋器搅拌均匀。
2. 将法棍浸入 **1** 后煎烤，做法同"椰香法式吐司（⇒ p41）"。
3. 将吐司片放入盘内，摆上香草冰激凌，撒上研碎后的大颗烤夏威夷果。
4. 掼奶油和意式浓缩咖啡（或普通浓咖啡）可根据个人喜好酌量添加。

Point

将刚泡好的意式浓缩咖啡浇在冰激凌上，口感更佳。
如图所示，可以先将叉子放在盘子内，再筛上可可粉，做出好看的镂空叉子形状。

夏威夷街头满是各式各样的鸡尾酒，凯拉咖啡厅有很多款人气无酒精鸡尾酒，非常适合搭配早餐。如充满南国风情的"椰林飘香"；热带鸡尾酒中的女王——"迈泰"，这款酒的名称来自波利尼西亚语的"Mai Tai"，意为最好的；另外还有凯拉咖啡厅原创的"百香果柠檬可乐"，口感特别清爽。清晨的餐桌上，特别适合来一杯热带鸡尾酒。

椰林飘香

椰子糖浆·······················20mL
椰奶·························20mL
菠萝汁·······················100mL
牛奶·························100mL
冰块·························3块

1. 将所有的材料都放入玻璃杯内（顺序随机）。
2. 用搅拌棒搅拌均匀，由于椰奶极易凝固，所以要仔细搅拌。
3. 这款饮品椰子味较为浓郁，建议一边调配一边品尝，按照个人喜好调整用量。

Point 也可放入碳酸菠萝汁，口感更清爽，味道更佳。

热带鸡尾酒迈泰

菠萝汁·······················100mL
血橙汁·······················50mL
百香果糖浆····················5mL
冰块·························3块

1. 依次将百香果糖浆、菠萝汁倒入玻璃杯内，搅拌均匀。
2. 将冰块放入步骤1的材料内，使其漂浮在液面上。
3. 沿着冰块缓缓地倒入血橙汁，使其产生美丽的分层。

Point 添加粉红葡萄柚汁等略带涩味的果汁，口感也不错。

百香果柠檬可乐

可乐·························200mL
百香果酱····················5mL
柠檬块·······················1块
冰块·························3块

1. 将可乐倒入杯子内。
2. 接着放入百香果酱和冰块。
3. 将柠檬插在杯子边缘（可根据个人喜好挤入适量的柠檬汁）。

Point 先放可乐，后放百香果酱，才不容易起泡。
也可使用草莓、桃子、椰子等各种果类糖浆，味道各有千秋。

夏威夷人非常爱喝咖啡，夏威夷的科纳咖啡与牙买加的蓝山咖啡、坦桑尼亚的乞力马扎罗咖啡并称世界三大咖啡，是夏威夷引以为傲的特产之一。只有在夏威夷岛的科纳地区种植的咖啡才能命名为科纳咖啡，一般科纳咖啡的酸味比较强烈。夏威夷州对咖啡的品质管理十分严格，根据咖啡豆的大小和瑕疵豆的数量将科纳咖啡分成了5个等级，而凯拉咖啡厅使用的咖啡豆均为最高等级"特好(ExtraFancy)"。此外，由于科纳咖啡的产量极低，因此，含有10%以上的科纳咖啡就可以命名为"综合科纳（Kona Blend）"，受法律的承认和保护。综合科纳有香草、夏威夷果等不同风味，口感也不错。科纳咖啡散发着甘甜诱人的香气，带有浓厚的夏威夷风味，您一定要好好品尝一番哦。

科纳咖啡　夏威夷州规定的科纳咖啡的 5 个级别

级别	咖啡豆大小	咖啡豆含水量	瑕疵豆比例 以一磅 (453g) 为标准
特好	直径 ≥ 19/64 英寸 *	9% ～ 12%	少于 10 个
好	直径 ≥ 18/64 英寸	9% ～ 12%	少于 16 个
一号	直径 ≥ 16/64 英寸	9% ～ 12%	少于 20 个
优选	无规定	9% ～ 12%	不超过总重量的 5%
普通	无规定	9% ～ 12%	不超过总重量的 25%

（不包括形状特殊的圆豆 <Peaberry>）

* 咖啡豆分级筛网的孔径，数字越大表示咖啡生豆的颗粒越大。

chapter 4

班尼迪克蛋
EGGS BENEDICT

班尼迪克蛋黏软嫩滑，半熟的鸡蛋配上荷兰汁，
美味又可口。

BASIS OF EGGS BENEDICT
班尼迪克蛋制作要点

● 制作水波溏心蛋时，先在锅中搅出一个漩涡。

● 制作水波溏心蛋的过程中，请在热水沸腾后，放入鸡蛋前，再倒入白葡萄醋。如果先倒入白葡萄醋，水开后会造成水波溏心蛋不易凝固。

● 可用醋代替白葡萄醋，不过更推荐白葡萄醋，因为它能使水波溏心蛋迅速凝固。

● 煮好的半熟水波溏心蛋，需立即浸入冰水。

● 再次加热水波溏心蛋时，需要将水煮沸再放入。水波溏心蛋浸在热水中过久，会造成鸡蛋凝固，所以需注意浸泡时长。

● 浇荷兰汁时，最好从水波溏心蛋中间的正上方浇下来，这样成品看起来更美观。

Point

水波溏心蛋一定要为"半熟"状态，

所以请注意火不可过大。

凯拉特色班尼迪克蛋

KALLA SPECIAL EGGS BENEDICT

凯拉咖啡厅最受欢迎的一道美食在家也能轻松上手！

英式玛芬蛋糕…………………… 1 个
培根（切厚片）…………… 2 片
荷兰汁（⇒ 做法见页面下方）
…………………………… 250g
荷兰芹（切碎）…………… 少许

水波溏心蛋

鸡蛋…………………………… 2 个
水………………………………… 1.2L
白葡萄醋（或醋）………… 120mL
冰水…………………………… 适量

1. 锅内放水烧开，水开后倒入白葡萄醋。

2. 将火调至中小火，在锅中搅出一个漩涡，缓缓地放入鸡蛋。最好事先将鸡蛋打入容器内备用。

3. 煮约 2 分钟（鸡蛋软软的有弹性的状态）后，将溏心蛋从水中捞出，浸入准备好的冰水内。

4. 玛芬蛋糕对半切开，用烤面包机烤出微微的焦黄色。

5. 培根放入平底锅煎至焦黄色。

6. 将水重新煮沸，放入步骤 **3** 中的溏心蛋，浸泡约 2 分钟使其回温。

7. 将玛芬蛋糕放入盘中，放上培根以及热好的溏心蛋，浇上荷兰汁，再撒上荷兰芹即可享用。

Point

★ 请在热水沸腾后，放入鸡蛋前，再倒入白葡萄醋。

★ 将水波溏心蛋从热水中捞出后需立即浸入冰水内。

荷兰汁

蛋黄…………… 3 个
黄油…………… 70g
盐、胡椒……… 各 1g

英国辣酱油… 1/2 小勺
柠檬汁………… 1 小勺
柠檬皮………… 少许

1. 将蛋黄放入碗内，一边隔水加热，一边用打蛋器搅拌。

2. 搅拌至蛋黄开始稍稍变白，温度接近人体体温时从热水中取出碗，继续搅拌至产生黏性。

3. 将黄油放到微波炉内加热至液体状态并分层时，将上面澄清的部分分 4 ～ 5 次一点一点地放入步骤 **2** 的材料内，搅拌均匀。

4. 抬起打蛋器，液体呈一条直线垂下时，放入盐、胡椒、英国辣酱油、柠檬汁、柠檬皮，搅拌均匀。

Point　如果觉得荷兰汁太过浓稠，可以放入一些沉淀在黄油澄清层下方的白色液体，适当调节浓度。

烟熏三文鱼班尼迪克蛋

SMOKED SALMON EGGS BENEDICT

◀◀ 烟熏三文鱼特有的香气和微咸的口感特别适合搭配溏心蛋。▶▶

英式玛芬蛋糕·················· 1 个
烟熏三文鱼··············· 45g×2 片
荷兰汁（⇒ p51）············· 250g
荷兰芹（切碎）·············· 少许

水波溏心蛋

同"凯拉特色班尼迪克蛋（⇒ p51）"

1. 制作水波溏心蛋，烘烤玛芬蛋糕，做法同"凯拉特色班尼迪克蛋（⇒ p51）"。

2. 用平底锅煎烤烟熏三文鱼，最好为三分熟（Medium Rare）。

3. 将玛芬蛋糕放入盘中，放上烟熏三文鱼和热好的溏心蛋，浇上荷兰汁，再撒上荷兰芹即可享用。

Point　★如果火候太过，烟熏三文鱼很容易碎裂，因此要格外注意火候。

卡卢阿烤猪班尼迪克蛋

KALUA PIG EGGS BENEDICT

在家也能做夏威夷传统猪肉佳肴——卡卢阿烤猪。

英式玛芬蛋糕········· 1个
荷兰汁（⇒ p51）··· 250g
荷兰芹（切碎）····· 少许

卡卢阿烤猪

猪里脊肉（块状）··· 300g
烟熏液·················· 70mL
盐、胡椒·········· 各少许

水波溏心蛋

同"凯拉特色班尼迪克蛋（⇒
p51）"

1. 制作水波溏心蛋，烘烤玛芬蛋糕，做法同"凯拉特色班尼迪克蛋（⇒ p51）"。

2. 将猪肉切成 2cm×6cm 的长方形放入压力锅内，将盐和胡椒揉进去，倒上烟熏液，仔细搅拌使调料与肉融合在一起。

3. 向压力锅内倒入没过猪肉的水，煮约 30 分钟。

4. 将煮好的猪肉用手撕碎。

5. 将玛芬蛋糕放入盘中，放上撕碎的卡卢阿烤猪和热好的溏心蛋，浇上荷兰汁，再撒上荷兰芹即可享用。

★ 将盐和胡椒揉进猪肉时，用量可稍微多一些。

★ 需趁热撕碎猪肉。

★ 如果没有烟熏液，可用烟熏盐代替，并适当减少盐的用量。

★ 在卡卢阿烤猪内拌入一些烤肉酱，口感也很不错。

配菜之王——香草烤土豆

　　"香草烤土豆"是凯拉咖啡厅非常受欢迎的隐藏菜单。点班尼迪克蛋或者煎蛋饼等鸡蛋料理时，可以选择搭配米饭或者这道香草烤土豆，不过几乎所有的顾客都会毫不犹豫地选择香草烤土豆。接下来我们就介绍一下这款"配菜之王"的具体做法吧。

【材料】

土豆·························· 2 个
盐·························· 少许
香草（罗勒叶、牛至、百里香、迷
　　迭香）·············· 各 1/2 小勺
黑胡椒、大蒜粉············ 各少许

【做法】

将土豆切成 12 ～ 16 份，放入锅内用水煮一下，待水开土豆断生后，用笊篱捞起沥干。平底锅内倒入色拉油，一边翻炒一边撒盐，炒至焦黄色为止，达到满意的色泽后转小火，加入香草拌匀入味即可。

chapter 5

鸡蛋料理

EGG DISH

看着餐桌上各式各样美味营养的鸡蛋料理，
大家的笑容瞬间浮上面颊。

午餐肉奶酪煎蛋饼

MEAT & CHEESE OMELET

蛋皮包裹着午餐肉和培根，配料满满，美味诱人。

蛋糊

鸡蛋·························· 3 个
牛奶·························40mL

配料

午餐肉罐头（SPAM 牌，切小块）
·····················1/4 罐
培根（切条）·················· 3 片
马苏里拉奶酪················· 30g
色拉油······················· 1 大勺
蒜盐·····················1/2 小勺

1. 碗内放入牛奶和鸡蛋，搅拌均匀做成蛋糊。

2. 锅内淋入色拉油，在烧热前放入蛋糊，撒上蒜盐，以中小火慢慢煎烤。蛋糊底部开始凝固后，用铲子微微抬起底侧，让上面的蛋液流到烤好的蛋饼下方，重复该操作直到蛋液全部凝固即可关火。将马苏里拉奶酪放在蛋饼上方，在余温的作用下让奶酪熔化。

3. 另取一口锅淋入色拉油，放入午餐肉和培根，炒至焦黄，用厨房纸巾吸走多余的油脂。

4. 趁热将步骤 3 的午餐肉和培根放到步骤 2 的一半蛋饼上，用铲子将另一半蛋饼翻过来盖上午餐肉和培根。

5. 将盘子拿在手中，把平底锅倒扣，将蛋饼装盘。

Point

★加入牛奶后的蛋液不易凝固，更容易做出绵软好吃的煎蛋饼。

★将鸡蛋和牛奶混合均匀后，可以用笊篱过滤一下，这样做出的蛋饼更加柔滑细腻。

★将午餐肉炒至脱油、呈金棕色更加具有凯拉咖啡厅的风格。

意式蔬菜烘蛋

FRITTATTA

这款美食外焦里嫩，营养丰富，分量十足。

蛋糊

鸡蛋·······················5 个
牛奶·······················65mL

配料

土豆（带皮，切小块）
·····················1/2 个（80g）
洋葱（切碎）········1/4 个（60g）
蘑菇（切片）········1/2 袋（70g）
培根（切条）·············2～3 片
色拉油···················2 大勺
马苏里拉奶酪·················20g
帕尔玛奶酪··················10g
盐、胡椒、香草混合调料·····各少许

1. 烤箱 250℃预热。

2. 小锅内倒水，放入土豆煮至断生，沥干水分。平底锅内淋入色拉油，放入土豆，依次加入盐、胡椒、香草混合调料调味。

3. 另取一口平底锅，淋入色拉油，放入洋葱翻炒，加入少量的盐和胡椒，炒至洋葱微微透明后放入蘑菇和培根，以中到大火翻炒。

4. 将步骤 3 的食材炒熟后，放入步骤 2 的土豆和剩下的色拉油。

5. 将混合好的蛋糊倒入步骤 4 的平底锅内，开中火加热。蛋糊底部开始凝固后，用铲子微微抬起底侧，让上面的蛋液流到烤好的蛋饼下方，重复该操作直到蛋液全部凝固。

6. 待蛋液全部凝固后就将马苏里拉奶酪和帕尔玛奶酪铺在蛋饼表面，关火后将蛋饼翻过来。

7. 将蛋饼放入耐热容器内（或连同平底锅），放到烤箱内 250℃加热 3～4 分钟，烤出焦黄色。

8. 确认一下底侧，如果奶酪全部熔化并产生了好看的焦黄色就将其翻过来放到容器内。

Point

★ 洋葱最好用小火慢慢煎炒出甜味。

★ 蘑菇和培根最好以中到大火翻炒，这样可以使水分析出，并使之产生烟熏的香味。

★ 用铲子微微抬起底侧，让上面的蛋液流到烤好的蛋饼下方时，可以将平底锅的一侧慢慢地抬起，这样蛋液就会自然地流淌下来。

墨西哥奶酪煎饼

QUESADILLA

这款美食非常受欢迎，淋上满满的酱汁更好吃哦。

蛋糊

鸡蛋·························· 3 个
牛奶·························· 40mL

配料

墨西哥薄饼 (tortilla) ··········· 1 张
火腿·························· 3 片
培根·························· 3 片
马苏里拉奶酪·················· 15g
车达奶酪······················ 15g
色拉油························ 1 大勺

1. 平底锅内淋入色拉油，将火腿和培根煎炒至焦黄。

2. 将混合好的蛋糊倒入步骤1的平底锅内，摇动平底锅并用铲子翻搅，使锅中的材料与蛋糊混合在一起，呈美式炒蛋（scramble egg）的半凝固状态。

3. 另取一口锅，放入墨西哥薄饼，把马苏里拉奶酪和车达奶酪放在上面，开小火让奶酪慢慢地熔化。

4. 奶酪开始熔化后，将步骤2中半凝固的炒蛋放到一半薄饼上，用铲子将另一半薄饼翻过来盖上炒蛋。

5. 继续煎烤，让两侧都呈好看的焦黄色。

Point

★半凝固的蛋饼如果太稀可能会溢出，微微凝固的状态为最佳。
★墨西哥薄饼不要烤得太焦，否则切开的时候容易碎裂。

莎莎酱

西红柿（切小块）···1/2 个；紫洋葱（切碎）···10g；蒜（切碎）···1/6 头；墨西哥辣椒（切碎）···3g；香菜（叶子，切碎）···1/2 根；黄瓜···1/6 根；酸橙汁···1/2 小勺；辣椒粉、小茴香···各 1/4 小勺；辣椒粉（chili powder）、盐、黑胡椒···各少许；特级初榨橄榄油···15mL

1. 西红柿去籽，沥干。紫洋葱用水浸泡一下，去除辣味后捞出沥干。

2. 将橄榄油以外的所有材料都放入碗内，搅拌均匀，沥干后切碎，撒少许盐和黑胡椒。

3. 一边慢慢地倒入橄榄油，一边轻轻地搅拌，调出满意的味道即可。

Point

可以用2～3滴西式腌菜＋塔巴斯科辣椒酱代替墨西哥辣椒。

牛油果酱

牛油果···1/4 个；柠檬汁···取自 1/8 个柠檬；紫洋葱···5g；盐、白胡椒、蒜盐···各少许；塔巴斯科辣椒酱···2～3 滴

1. 紫洋葱用水浸泡一下，去除辣味后捞出沥干。

2. 将牛油果和柠檬汁放入碗内，用叉子或勺子搅拌至小块。

3. 在步骤2的材料内放入紫洋葱，再放入盐、白胡椒、蒜盐和塔巴斯科辣椒酱，搅拌均匀，调成满意的味道即可。

美式早餐

AMERICAN BREAKFAST

鸡蛋煎儿分熟好？煎成你满意的熟度就好。

鸡蛋····················· 2 个
培根····················· 3 片
混合沙拉················· 适量
香草烤土豆（⇒ p54）······· 适量
面包····················· 3 片
色拉油··················· 1 大勺

1. 平底锅内淋入色拉油，油热前打入鸡蛋，依照个人喜好将鸡蛋煎至满意的熟度。
2. 另取一口平底锅，淋入色拉油，放入恢复常温的培根，煎至焦黄。
3. 将混合沙拉、香草烤土豆、面包放入盘内，摆上培根、煎蛋即可享用。

Point

★ 鸡蛋是一种很难掌握火候的食材，最好小火慢慢煎烤。
★ 培根煎好后，请用厨房纸巾吸去多余的油脂。

煎鸡蛋的方式

sunny-side up 太阳蛋	over easy 双面嫩煎	over medium 双面半熟煎	over hard 双面熟煎
文火煎蛋，鸡蛋不翻面，仅蛋清凝固，蛋黄为完全溏心状态。	文火煎蛋，两面各煎 1 分钟左右，在呈现焦黄色前关火，蛋清凝固，蛋黄基本为溏心状态。	小火煎蛋，两面各煎 2 分钟左右，呈现轻微的焦黄色后关火，蛋清凝固，蛋黄为半熟状态，切开后蛋黄能够流出来。	大火煎蛋，蛋黄破碎后改为中火，蛋黄和蛋清均为凝固状态。

夏威夷炒蛋

HAWAIIAN SCRAMBLE EGG

这是一道简单的家常料理，看到这道美食心情都变舒畅了。

蛋糊

鸡蛋……………………………… 3 个
牛奶……………………………… 40mL

配料

洋葱（切碎）……… 1/4 个（60g）
午餐肉罐头（切小块）………1/4 罐
车达奶酪………………………… 20g
盐、胡椒…………………… 各少许
色拉油………………………… 1 大勺

1. 平底锅内淋入色拉油，放入洋葱翻炒，微微撒上一些盐和胡椒。

2. 在洋葱变透明前放入午餐肉一起翻炒。在午餐肉开始呈现焦黄色后，将火调小倒入混合好的蛋糊。

3. 晃动锅体并用铲子翻炒 2，注意鸡蛋的火候不可太过。

4. 待鸡蛋开始呈黏稠状后就放入车达奶酪，迅速搅拌均匀。

5. 车达奶酪熔化后，将其盛入盘中。

Point

★ 洋葱最好用小火慢慢煎炒出甜味。

★ 午餐肉最好以中到大火煎炒至呈现美味诱人的焦黄色。

★ 倒入蛋糊后马上将火调小，慢慢地翻动，注意不要让鸡蛋彻底凝固。

夏威夷汉堡排盖饭（Loco Moco）是夏威夷最流行的料理。loco 意为"当地"，moco 意为"混合"，经典搭配是将米饭、汉堡排、煎鸡蛋、肉汁酱混合，据说是源自日裔移民的餐厅。

夏威夷汉堡排盖饭

汉堡排

猪牛肉混合肉馅	200g
洋葱	1/4 个

	鸡蛋	1 个
	面包粉	40g
A	蒜盐、洋葱粉、香料混合盐、英国辣酱油、小茴香各 1/2 小勺	
	黑胡椒	3/4 小勺

油面糊

黄油	30g
面粉	30g

肉汁酱

红葡萄酒	100mL
牛肉清汤	400mL
大蒜粉、洋葱粉	各 1/2 小勺
胡椒盐	1/3 小勺
香草混合调料（无盐）	1/4 小勺
英国辣酱油	20mL
蜂蜜	10mL

其他

米饭	100g
鸡蛋	2 个
圣女果	6g
混合沙拉	适量

1. 洋葱切碎，用小火炒出甜味，放到盘子里冷却。

2. 将猪牛肉混合肉馅放入碗内，放入 A 中的材料和 1，搅拌上劲。

3. 均分成两份，将肉馅中的空气挤压出去，揉成整齐的形状，放入平底锅内煎熟。

4. 制作肉汁酱。将红葡萄酒倒入锅内，开大火加热让酒精蒸发，煮至剩余 1/2 的分量，放入牛肉清汤，再放入其他的调味料搅拌均匀。

5. 将黄油和面粉混合在一起制成油面糊。

6. 待步骤 4 的温度降低后，倒入步骤 5 的油面糊，迅速用打蛋器搅打出黏性。

7. 平底锅内淋入色拉油，煎好鸡蛋。

8. 将米饭盛入碗内，放上适量的混合沙拉，放入汉堡排、肉汁酱和煎鸡蛋。装饰上圣女果，撒上黑胡椒即可享用。

Point

★ 搅拌汉堡排肉馅时，待所有的食材冷却后再开始搅拌，最好事先将手也蘸一下凉水。

★ 放入油面糊，用打蛋器搅打出黏性的操作前，可以中小火加热面糊后再搅拌，这样更容易产生黏性。

★ 汉堡排煎熟后，在温度稍高的地方静置一会儿，肉的口感更加鲜嫩可口。

奶酪的个性

凯拉咖啡厅使用的奶酪主要有3种，一种是口感浓郁，非常适合搭配煎蛋饼的车达奶酪；一种是适合制作奶酪火锅的格吕耶尔奶酪，这种奶酪奶香十足，浓郁可口；还有一种是马苏里拉奶酪，柔滑黏软，口感较淡，健康美味，适合大多数人的口味，也非常适合搭配蔬菜，以及大多数餐点。

做好鸡蛋料理的秘诀之一就是利用这些奶酪，做出合适的黏稠度。另外，还有一个美味的秘诀——趁热食用。顺便说一下，其实夏威夷一般不产奶酪，基本上奶酪都是从美国本土运来，不过从几年前开始一些夏威夷酪农开始尝试自制奶酪。也许不久的将来，夏威夷也会诞生像科纳咖啡一样惊艳世人的优质奶酪吧。

chapter 6

三明治
SANDWICH

三明治制作简单，在面包中间夹上配料食材即可，
但三明治的世界同样多姿多彩，
简单，所以美味！

BLT 三明治

BREAKFAST BLT

◄ B = 培根，L = 生菜，T = 西红柿。这是一款经典早餐三明治。 ►

胚芽面包……………………… 2 片
鸡蛋…………………………… 2 个
牛奶………………………… 25mL
培根…………………………… 4 片
生菜………………………… 2～3 片
小菠菜……………………… 4～6 片
西红柿（切片）……………… 3 片
车达奶酪…………………… 15g
蛋黄酱……………………… 15g
色拉油……………………… 1 小勺

1. 将胚芽面包放到烤面包机中烤一下，分别将其中的一面涂上蛋黄酱。

2. 牛奶和鸡蛋放入碗内，搅拌均匀做成蛋糊。

3. 平底锅内淋入色拉油，倒入蛋糊，以中到小火慢慢煎烤。蛋糊底部开始凝固后，用铲子微微抬起底侧，让上面的蛋液流到烤好的蛋饼下方，重复该操作直到蛋液全部凝固，再将蛋饼翻过来。在一半蛋饼上放上车达奶酪，用铲子将另一半蛋饼翻过来盖上奶酪，做成小号的煎蛋饼。

4. 另取一口平底锅，淋入色拉油，放入恢复至常温的培根，煎至焦黄。

5. 将培根、煎蛋饼、生菜、小菠菜、西红柿放在面包上，盖上另一片面包。

6. 用竹扦将两侧固定好，对半切开即可享用。

Point

★ 可以选择任何您爱吃的面包。

★ 蛋黄酱不要涂满整片面包，边缘稍微留一些空隙。

★ 鸡蛋刚翻面时，马上将奶酪放上去，这样在余温的作用下，奶酪会充分熔化。

★ 生菜、小菠菜、西红柿都不要堆得太高，每种食材最好保持与面包相同的厚度，这样看起来更美观。

★ 固定用的竹扦需要笔直插下去，确认一下是否将所有的食材都固定好后再进行下一步操作。

★ 切三明治时，注意不要将面包切碎。

火鸡俱乐部三明治

TURKEY CLUB SANDWICH

◀ 熏火鸡肉 × 蔓越莓果酱，别具一格又相得益彰的新组合。 ▶

百吉饼（bagel）·············· 1 个
熏火鸡肉··················· 2 片
培根······················· 2 片
蒙特里杰克奶酪············· 2 片
生菜······················· 2～3 片
小菠菜····················· 4～5 片
西红柿（切片）············· 2～3 片
牛油果（切片）··············1/4 个
蛋黄酱····················· 1 大勺
芥末·······················1/2 小勺
蔓越莓果酱················· 1 大勺
色拉油····················· 1 小勺

1. 平底锅内淋入色拉油，将熏火鸡肉和培根稍微炒一下。

2. 将熏火鸡肉、培根、蒙特里杰克奶酪叠在一起，放到烤箱内 200℃烤 30 秒，让奶酪熔化。

3. 芥末和蛋黄酱拌在一起备用。

4. 将百吉饼切开，放入烤面包机稍微烤一下，在一片的切面上涂抹步骤 3 的芥末蛋黄酱，另一片的切面上涂抹蔓越莓果酱。

5. 将从烤箱内取出的熏火鸡肉、培根、蒙特里杰克奶酪，放在涂满蔓越莓果酱的那一片百吉饼上，再放上生菜、小菠菜、牛油果，盖上另一片百吉饼。

Point   ★蔓越莓果酱搅拌至柔滑细腻后再涂在百吉饼上。

早餐卷饼

BREAKFAST WRAP

◀ 卷饼是单手拿着就能享用的美食，因此卷饼便当也很受欢迎哦。 ▶

墨西哥薄饼（直径30cm）… 1 张
鸡蛋……………………… 3 个
牛奶……………………… 40mL
土豆（切丁）…………… 1/2(80g)
洋葱（切碎）…………… 1/5（40g）
蘑菇（切片）…… 1/3 袋（45g）
火腿（切小块）………… 40g
小菠菜（切不规则块状）…… 3 片
车达奶酪………………… 40g
盐、胡椒………… 各 1/2 小勺
色拉油………………… 1 大勺

1. 土豆上稍微洒一些水，用保鲜膜包好，放入微波炉（600W）内加热 2 分钟左右。

2. 将牛奶和鸡蛋倒入碗内搅拌均匀，做成蛋糊。

3. 平底锅内淋入色拉油，开小火煸炒洋葱，接着放入蘑菇、火腿，调大火接着煸炒。以上食材炒熟后，放入小菠菜和土豆再稍微炒一下，放入盐和胡椒。

4. 将蛋糊倒入步骤 3 的平底锅内，以中小火炒成类似美式炒蛋的状态。

5. 以上食材炒熟后，放入车达奶酪炒一下，待奶酪开始稍微熔化后将所有食材放在墨西哥薄饼上中间靠前的地方，从下向上开始卷，卷到中间时将两边折进来继续卷下去即可。

Point

★土豆包上保鲜膜放到微波炉内加热，类似于蒸制，注意加热时间不可过长，否则容易烤干造成焦湖。

★洋葱最好用小火慢慢煎炒出甜味。

★放入蘑菇后以大火翻炒会更好吃。

★美式炒蛋最好炒至全熟，如果是半熟状态，卷入墨西哥薄饼时蛋汁可能会溢出。

用你最爱吃的面包做早餐

　　凯拉咖啡厅的餐点会用到各种各样的面包，其中最推荐的是用 100% 全麦面粉制作的全麦面包，用有机蓝色龙舌兰糖浆取代了通常的砂糖，营养丰富，健康美味。还有一种在夏威夷非常受欢迎的竹炭面包，据说有很好的排毒效果，看起来乌黑一片，十分新奇，而且能够很好地衬托出食材的颜色。百吉饼也非常受欢迎，没有添加鸡蛋和黄油，降低了胆固醇含量，且分量感十足，软糯可口。羊角面包外皮酥脆，黄油香气十分浓郁，人气非常高。法棍是凯拉咖啡厅引以为傲的面包，使用的是原创混合面粉，入口甘甜。还有好吃的英式玛芬，它是人气餐品——班尼迪克蛋不可或缺的原料之一。面包种类繁多，大家也各有所好，总之选择你最爱吃的一款面包，制作最好吃的早餐吧。

chapter 7

沙拉
SALAD

多样的蔬菜搭配美味的沙拉酱汁，
沙拉也可以是主菜哦！

BASIS OF SALAD
沙拉制作要点

● 择菜时务必轻拿轻放，洗菜时不可用力过猛。水量充足，让叶片充分伸展开来，这样尘土和沙子自然沉在下面，将浮起来的菜叶捞起即可。

● 沥干水分后可以用湿布将蔬菜盖好，防止水分流失。

● 水中放几滴柠檬汁，再将蔬菜浸泡一下，蔬菜会更加新鲜、水润。

沙拉的口感是成功的关键，

所以请让菜叶保存水润的状态。

BASIS OF DRESSING
沙拉酱汁制作要点

● 颗粒状调料（盐等）请先在液体中溶化后再加入食材内。

● 最后一步为放油搅拌。放油时请先慢慢地倒进去，再用打蛋器快速地搅打均匀使其乳化，乳化后的油脂会变得黏稠浑浊，色泽发白。

● 多余的沙拉酱汁可以放到塑料瓶内保存，下次摇晃一下就可以马上使用。

最后一步放油，先慢慢地倒进去，

再迅速地搅拌，这一步最为关键。

沙拉

A 洋葱(切片)…1/3 个，蘑菇 (切片)…5 个，培根(切片)…80g

葡萄醋沙拉汁…30mL，小菠菜…1/2 把，圣女果…3 个，煮鸡蛋…1/2 个

1. 将 A 中的材料炒熟，火调小后淋上葡萄醋沙拉汁调味。

2. 先将小菠菜放在盘子里，再放上步骤 1 中的食材，最后将煮鸡蛋和圣女果切成小块，放在上面即可享用。

沙拉

A 罗马生菜、紫叶生菜…各 2 ~ 3 片，小菠菜…4 ~ 5 片，皱叶生菜嫩苗…10g

B 胡萝卜 (切丝)…1/4 根，黄瓜…1/3 根，牛油果…1/2 个，圣女果…3 个

鸡胸肉…180g，盐、胡椒…各少许，蜂蜜第戎芥末沙拉汁…30mL

1. 将 A 中的材料切成适口大小，泡在水中备用。

2. 将鸡胸肉切成适口大小，撒上盐和胡椒后煎熟。

3. 将步骤 1 中的材料沥干放入盘中，均匀地放上 B 中的材料和鸡胸肉，洒上沙拉汁即可享用。

菠菜温沙拉
×
葡萄醋沙拉汁

沙拉酱汁

A 葡萄醋…30mL，蒜粉、洋葱粉、盐、黑胡椒…各 1g

B 第戎芥末…3g，柠檬汁…0.5g，蜂蜜…适宜，香草调味料…少许

特级初榨橄榄油…45mL

1. 将 A 中的材料依次放入容器内搅拌均匀，待颗粒状食材全部溶解后，再放入 B 中的材料搅拌均匀。用蜂蜜来调节甜度。

2. 最后放油，搅拌均匀使其乳化。

鸡肉牛油果沙拉
×
蜂蜜第戎芥末沙拉汁

沙拉酱汁

A 蜂蜜…100g，第戎芥末…72g

B 蒜盐…6g，黑胡椒、盐 … 各 2g，苹果醋…70mL，香草调味料 (无盐)…2g

特级初榨橄榄油…63mL

1. 将 A 中的材料搅拌均匀，依次放入 B 中的材料搅拌均匀。

2. 最后放油，搅拌均匀使其乳化。

沙拉

A | 罗马生菜…5～8片，红菊苣…1～2片

B | 帕尔玛奶酪…5g，凯撒沙拉汁…30mL，面包（切小块）…1/2片，培根（切梳形块）…2片

1. 将A中的材料切成适口大小，泡在水中备用。

2. 面包不用盖保鲜膜，直接放到微波炉内加热2～3分钟。培根以小火煸炒至稍微变硬。

3. 将步骤1中的材料沥干放入碗内，加入B中的材料搅拌在一起。

4. 将步骤3中的材料放入盘子内，将步骤2的材料撒在上面。

凯撒沙拉
×
凯撒沙拉汁

沙拉酱汁

牛奶…100mL，蒜（去芯）…1头

A | 蛋黄酱…45g，帕尔玛奶酪…12g，盐、胡椒…各2～3g

柠檬汁…1小勺

1. 将蒜放入牛奶，煮6～10分钟。

2. 稍微放凉后，用勺子捣碎蒜，放入A中的材料，调成满意的口味。

3. 最后倒入柠檬汁调节一下口感和浓度即可。

沙拉

A | 罗马生菜、生菜…各2～3片，小菠菜…4～5片，苗菜…10g

B | 培根…2片，火腿（切条）、火鸡肉（切条）…各1片

C | 虾…6只，牛油果（切小块）…1/4个，煮鸡蛋（碾碎）…1/2个，菲达奶酪（碾碎）…15g，圣女果…3个

红葡萄醋沙拉汁…50mL

1. 将A中的材料切成适口大小，泡在水中备用。

2. 培根以小火煸炒至稍微变硬，虾用盐和胡椒炒熟。

3. 将步骤1中的材料沥干放入碗内，依次放入B中的材料、沙拉汁、C中的材料，搅拌均匀。

凯拉风科布沙拉
×
红葡萄醋沙拉汁

沙拉酱汁

材料同"葡萄醋沙拉汁（⇒ p80）"

红葡萄醋…30mL

1. 在制作葡萄醋沙拉汁的步骤1时，加入红葡萄醋，其他步骤相同。

混合沙拉 × 牧场沙拉汁
杜果沙拉汁

MIXED SALAD

LUNCH DRESSING   MANGO DRESSING

◀这款沙拉可以吃到各种蔬菜，搭配的是凯拉咖啡厅的招牌沙拉汁。▶

牧场沙拉汁 [图左]

白葡萄醋·······················30mL
盐、胡椒·····················各 2g
蛋黄酱····························50g
枫糖浆······························6g
第戎芥末·····························4g
色拉油·························150mL

1. 将白葡萄醋放入碗内，与盐和胡椒一起搅拌均匀。

2. 待盐溶化后，放入蛋黄酱、枫糖浆、第戎芥末，搅拌均匀。

3. 最后放色拉油并搅拌均匀使其乳化。

杜果沙拉汁 [图右]

洋葱·························1/8 个
白葡萄醋·····················400mL
杜果汁·······················100mL
杜果块····························45g
盐、胡椒·····················各少许
色拉油·························105mL

1. 横着洋葱的纹路将洋葱切成薄片，在水中浸一下去除辣味，用笊篱或厨房纸巾沥干。

2. 将步骤1中的材料与白葡萄醋一起用料理机搅拌均匀。接着放入杜果汁、杜果块、盐和胡椒，用料理机搅拌均匀。

3. 待杜果块全部打碎后，慢慢地倒入色拉油，用料理机搅拌均匀使其乳化。

chapter 8

果昔碗、芭菲
BOWL & PARFAIT

果昔碗和芭菲是在热带地区非常受欢迎的甜品，
不仅健康美味，颜值也很高。

巴西莓果碗

ACAI BOWL

◢最有代表性的健康早餐，制作简单，一台料理机就能轻松搞定。◣

冷冻巴西莓果酱（无糖）······ 100g
香蕉·································· 1 根
牛奶·······························25mL

装饰

格兰诺拉麦片····················· 30g
草莓································· 1 个
蓝莓······························ 3～5 颗

1. 切 2～3 片香蕉，留作装饰用。
2. 先将冷冻巴西莓果酱大致打碎，再与冷冻后的香蕉和牛奶一起用料理机细细地打碎备用。
3. 容器先冷却一下，放入步骤 2 中的材料，撒上格兰诺拉麦片，将香蕉片、草莓、蓝莓装饰在上面。

Point

★用料理机打碎食物时，请将所有食材打至柔滑细腻的状态。

★可以根据个人喜好，加入蜂蜜享用。

★可以用冷冻杧果等其他水果代替香蕉，口感也很不错哦。

火龙果碗

PITAYA BOWL

在夏威夷很受欢迎，清晨吃上一碗，开启元气满满的一天！

冷冻火龙果（加糖）………… 100g
香蕉……………………… 1根

装饰

格兰诺拉麦片………………… 20g
草莓………………………… 1个
蓝莓………………………… 3～5颗
橙子（切片）………………… 1个

1. 切2～3片香蕉，留作装饰用。

2. 将冷冻火龙果、冷冻过的香蕉一起用料理机打碎，放到冷却后的容器内。

3. 撒上格兰诺拉麦片，将香蕉片、橙子片以及保留果蒂对半切开的草莓、蓝莓装饰在上面即可享用。

Point

★冷冻火龙果极易融化，所以香蕉和容器都需要预先冷却。

★推荐用透明的容器盛放，这样可以看到火龙果的颜色，让这款甜品更美观。

草莓碎冰水果碗

SHAVE STRAWBERRY BOWL

冷冻后的草莓美如花瓣，入口后慢慢融化，是一款令人惊艳的甜品。

冷冻草莓10～12个(120g)
草莓果酱……………… 5g
松饼（切成1cm见方的块
后冷冻）………1/4片

香草冰激凌………… 80g
草莓干…………… 适宜
薄荷叶…………… 适宜

炼乳奶油

植物性鲜奶油………60mL
炼乳…………… 15g

1. 将植物性鲜奶油和炼乳用打蛋器打发至能拉起一个硬挺的尖角，做成炼乳奶油备用。

2. 草莓果酱放入少量的水稀释后倒入容器内，依次放入冷冻过的松饼以及香草冰激凌。

3. 将冷冻草莓用刨冰机打碎，放在步骤 2 中的材料上。

4. 在步骤 3 中的材料一侧放上炼乳奶油，撒上草莓干，装饰薄荷叶即可享用。

Point

★在用刨冰机打碎草莓前，最好在室温环境中静置一会儿，这样做出的草莓刨冰会更美观。

★也可以将草莓果酱换成巧克力酱，香草冰激凌换成巧克力冰激凌，做出不一样口感的草莓
　碎冰水果碗。

格兰诺拉麦片芭菲

GRANOLA PARFAIT

◀ 造型可爱，白色和茶色两种颜色层次分明，适合做早餐和餐后甜点。 ▶

酸奶（无糖）······················ 120g
格兰诺拉麦片······················ 30g

装饰

香蕉（切片）······················1/2 根
草莓·································· 1 个
蓝莓······························ 5～6 颗
橙子（切片）······················ 1 片

1. 酸奶和麦片交替放入容器内，制造出层次感。

2. 香蕉片、橙子片以及保留果蒂对半切开的草莓、蓝莓装饰在上面。

Point

★ 推荐用透明的容器盛放，可以看到美丽的层次。

★ 可以根据个人喜好，加入蜂蜜后享用。

★ 凯拉咖啡厅一般会将保留果蒂对半切开的草莓放在橙子片上，再装饰在芭菲上面，您也可以这么做哦！

ONE PLATE ARRANGE
丰富多彩的 "One Plate" 料理

凯拉咖啡厅的美食之所以让人食指大动，一个重要原因就是它独特的摆盘方式——"One Plate"，即"一盘食"。您也可以尝试一下，将各式各样的一人份美食都放在一个大盘子里，看起来更加美味诱人，丰盛美味的菜品以及新颖别致的摆盘方式会让您的餐桌充满更多趣味。

KAILA's PLATE
凯拉风摆盘

橙子片搭配保留果蒂对半切开的草莓，是典型的凯拉咖啡厅风格。

夏威夷十分推崇这种大胆随意的摆盘方式。

小杯子放在食材旁边，看起来更加时尚好看！

不要介意酱汁流到盘子上，这就是"One Plate"料理的魅力所在。

KIDS PLATE
儿童摆盘

儿童专用餐点分量虽少，但品种一点不少！

根据孩子的偏好可将蛋糕更换为米饭，总之吃得开心最重要。

FULLCOURSE PLATE
正餐摆盘

从沙拉到甜点，一应俱全，就像是正餐一样。

水果摆放要随意一些，掉下来也没关系，最后再撒一些糖粉。

松饼做小一些，叠放更美观。

将松饼一层一层地叠起来可以制成华丽、好看的"派对松饼"，由凯拉咖啡厅承办的婚宴上最引人注目的就是这款特别的松饼。高度和样式可以随意调整，也非常适合生日或者纪念日派对。

制作派对松饼最关键的就是鲜奶油要打发得比平时硬一些。在松饼和松饼之间挤奶油、放水果的时候，要特别注意稳定，如果您想制作较高的派对松饼，注意不要在松饼之间夹食材，最好将食材装饰在周围。

PARTY PANCAKES!
派对松饼

鲜奶油要比平时硬一些。

水果摆放可以随意一些，部分水果滚到旁边也没关系。

用巧克力笔写上祝词。

纯天然水草编织品搭配玻璃容器，模仿水果形状的木雕容器……质感独特，
让人不由联想到海滨度假时的闲适时光。

夏威夷风情 *Hawaiian*
周边商品、装饰小物 GOODS & COORDINATE

想为餐桌或房间增添一抹闲适的热带风情吗？这里为
您介绍一些低调美丽的装饰小物。

这件玩偶是一个自娱自乐的女孩，颜
色淡雅美观，符合成年人的审美。虽
然小巧玲珑，却可以成为房间配饰中
的点睛之笔。

手柄上的贝壳、盐罐和胡椒罐置物架上的鸡蛋花……这些看似不经意的小点缀，透露着浓浓的热带风情。

"Fire-King"是美国老牌餐具的代表之一，美丽淡雅的乳白色餐具，非常适合用来盛放温馨的早餐。

据说，手工精心缝制的夏威夷拼布中栖息着"Mana（夏威夷文化中的一种精神力量）"，从那些微微鼓起，还残存着温度的花饰上可以感受到悠闲浪漫的夏威夷风情。

1

2

3

4

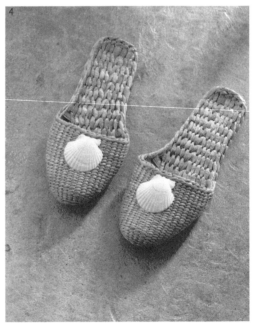

美丽的贝壳和珊瑚不由让人联想到夏威夷海滩，美丽精致亦或千奇百怪的天然形态都是大自然的杰作。看着它们仿佛听到了海浪的声音。

夏威夷风格的旧海报、旧卡片色泽高雅，可以随意地摆放在置物架、墙壁、冰箱上，方便又美观。

1	2
3	4

尤克里里与夏威夷花环。只要有这两样东西，任何房间都能马上充满夏威夷风情。如果选用高雅的色泽，精心搭配，还可以制造出清新怡人的装饰效果。

夏天，在玄关处摆上一双这样的室内拖鞋，房间立刻变身夏威夷风格。上面点缀的白色贝壳也是亮点之一。看着这样美丽清爽的小麦色，马上有种光脚穿上去的冲动。

Hawaiian
GOODS & COORDINATE

各种各样引人注目的热带花朵非常适合摆放在窗边，特别推荐大一些的心形粉色安祖花。石斛兰的茎干很长，呈黄绿色，上面缀满了花朵，品种十分丰富，是夏威夷最具代表性的花朵。石斛兰又被称为"父亲节之花"。

我是一个烹饪爱好者，迄今为止原创了很多食谱。我经常为家人和朋友制作美食，因此才积累了这么多优秀的食谱。另外，我也致力于为顾客提供新鲜，而且有益健康的食材。我想要告诉大家的是，制作美食的秘方就是"爱"。愿您在这本食谱的陪伴中，度过美满幸福的每一天。

爱你们的凯拉

I would like to share with you some of my favorite things to eat. This menu was created because I have a passion for cooking and I especially love to eat breakfast. These dishes are a collection of my best recipes that I often make for family and friends. I am proud of the fact that we serve fresh, wholesome food that is thoughtfully prepared and attractively presented. The secret ingredient in everything is love! I hope you enjoy your meal. Thank you for visiting! :) Love, Kaila

凯拉咖啡厅（Café Kaila）

凯拉咖啡厅是 Chrissie Kaila Castillo 于 2007 年在夏威夷檀香山创立的一家餐厅。餐厅选用夏威夷本地食材及有机食材，多年来连续数次斩获瓦胡岛美食大奖 "Hale'Aina"* 中的"最佳早餐奖"。

* "Hale'Aina" 是由当地杂志主办的美食奖项，开始于 1984 年，已连续举办多年，其中"最佳早餐奖"设立于 2011 年。

沼泽英之 主厨

沼泽英之是凯拉咖啡厅东京餐厅的主厨。在国外专门学习烹饪后，曾供职于东京的美国会员制酒店餐厅。现担任凯拉咖啡厅东京餐厅主厨。

Café Kaila

总店 夏威夷檀香山

地址：2919Kapiolani Blvd.#219
电话：808-732-3330（国际电话）
营业时间：7:00 ～ 15:00（点餐截至 14:00）
※ 有时营业时间不固定
休息日：无固定休息日

涩谷店

地址：东京都涩谷区神南 1 丁目 21-3 涩谷 MODI 9 层
电话：03-6427-1310
营业时间：平时 11:00 ～ 17:30 午餐（点餐截至 17:30）
　　　　　17:30 ～ 23:00 晚餐（点餐截至 22:00）
　　　　　周末、节假日 8:00 ～ 11:00 早餐（点餐截至 10:40）
　　　　　11:00 ～ 17:30 午餐（点餐截至 17:30）
　　　　　17:30 ～ 23:00 晚餐（点餐截至 22:00）
休息日：无固定休息日

舞滨店

地址：千叶县浦安市舞滨 1-4 东京迪士尼乐园内 IKSPIARI 购物
　　　中心 3 层
电话：050-5807-3402
营业时间：平时 9:00 ～ 22:00（点餐截至 21:30）
　　　　　周末、节假日 8:00 ～ 22:00（点餐截至 21:30）
休息日：无固定休息日

日文版图书制作人员（均为日籍）：

策划：角谷康（Moveeight 株式会社）
宣传：田中玲子
摄影：名和真纪子
设计：中村麻贵子
插图：西尾忠佑
桌面排版：若松隆
编辑初稿：峯田亚季
摄影助理：UTUWA、AWABEES、Studio Vale、
　　　　　坂上瑛子（Exeojapan 株式会社）
编辑助理：古森美纪、森田伦子、伊藤绘美、
　　　　　合田正人、Agetwell 网上商城、
　　　　　山田真优

微信公众号　　抖 音　　小红书

书中缘　　书中缘图书旗舰店　　书中缘旗舰店

 北京书中缘图书有限公司出品
销售热线：（010）64438419
商务合作：（010）64413519-817

图书在版编目（CIP）数据

早餐美一天 / 日本凯拉咖啡厅著；赵百灵译. --
海口：南海出版公司, 2019.5（2020.6重印）
　ISBN 978-7-5442-9534-5

Ⅰ.①早… Ⅱ.①日… ②赵… Ⅲ.①西式菜肴—食
谱 Ⅳ.①TS972.188

中国版本图书馆CIP数据核字(2019)第046892号

著作权合同登记号　图字：30-2019-006
TITLE：［ハワイの朝食レシピBOOK わが家で楽しむカフェ・カイラのメニュー50］
BY：［カフェ・カイラ］
Copyright © Jitsugyo no Nihon Sha, Ltd., 2016
Original Japanese language edition published by Jitsugyo no Nihon Sha, Ltd.
All rights reserved. No part of this book may be reproduced in any form without the written
permission of the publisher.
Chinese translation rights arranged with Jitsugyo no Nihon Sha, Ltd., Tokyo through NIPPAN IPS
Co., Ltd.

本书由日本实业之日本社授权北京书中缘图书有限公司出品并由南海出版公司在中国
范围内独家出版本书中文简体字版本。

ZAOCAN MEI YI TIAN
早餐美一天

策划制作：北京书锦缘咨询有限公司（www.booklink.com.cn）
总 策 划：陈　庆
策　　划：肖文静

作　　者：日本凯拉咖啡厅
译　　者：赵百灵
责任编辑：张　媛
排版设计：王　青
出版发行：南海出版公司　电话：（0898）66568511（出版）（0898）65350227（发行）
社　　址：海南省海口市海秀中路51号星华大厦五楼　邮编：570206
电子信箱：nhpublishing@163.com
经　　销：新华书店
印　　刷：昌昊伟业（天津）文化传媒有限公司
开　　本：889毫米×1194毫米　1/16
印　　张：6
字　　数：150千
版　　次：2019年5月第1版　2020年6月第3次印刷
书　　号：ISBN 978-7-5442-9534-5
定　　价：48.00元

南海版图书　版权所有　盗版必究